Remya Simon
Mary NL

Estudos de Fotocatálise de Nanopartículas

Remya Simon
Mary NL

Estudos de Fotocatálise de Nanopartículas

Derivado de complexos de metais de transição

ScienciaScripts

Imprint

Any brand names and product names mentioned in this book are subject to trademark, brand or patent protection and are trademarks or registered trademarks of their respective holders. The use of brand names, product names, common names, trade names, product descriptions etc. even without a particular marking in this work is in no way to be construed to mean that such names may be regarded as unrestricted in respect of trademark and brand protection legislation and could thus be used by anyone.

Cover image: www.ingimage.com

This book is a translation from the original published under ISBN 978-620-8-01031-7.

Publisher:
Sciencia Scripts
is a trademark of
Dodo Books Indian Ocean Ltd. and OmniScriptum S.R.L publishing group

120 High Road, East Finchley, London, N2 9ED, United Kingdom
Str. Armeneasca 28/1, office 1, Chisinau MD-2012, Republic of Moldova, Europe
Printed at: see last page
ISBN: 978-620-8-20934-6

ESTUDOS DE FOTOCATÁLISE DE NANOPARTÍCULAS DERIVADAS DE METAIS DE TRANSIÇÃO

Remya Simon[1] , Mary N.L[1]*
[1] Departamento de Química, Bishop Chulaparambil Memorial College Kottayam Kerala, Índia
[1]Departamento de Química, Stella Maris College, Chennai 600 08, Tamil Nadu, Índia*

ÍNDICE

CAPÍTULO 1

INTRODUÇÃO

1.1 NANOTECNOLOGIA

Os currículos de nanociência e nanotecnologia estão a evoluir a um ritmo acelerado para acompanhar os vários desenvolvimentos tecnológicos. Com a dimensão das nanopartículas, os átomos e as moléculas funcionam de forma diferente e proporcionam uma variedade de utilizações surpreendentes e interessantes. Não existe uma justificação científica clara para estabelecer o limite de tamanho de 1-100nm, uma vez que podem ocorrer efeitos específicos num intervalo de tamanho inferior e superior. No entanto, muitas das propriedades específicas descritas dos nanomateriais situam-se na gama 1-100. A maioria dos materiais apresenta um confinamento quântico dependente do tamanho nesta gama. [1]

Os estudos sobre nanotecnologia e nanociência têm surgido rapidamente nos últimos anos numa vasta gama de domínios de produtos. Oferece oportunidades para o desenvolvimento de materiais, incluindo os destinados a aplicações médicas, em que as técnicas convencionais podem atingir os seus limites. A nanotecnologia não deve ser vista como uma técnica única que afecta apenas áreas específicas. Embora muitas vezes referida como a "ciência das minúsculas", a nanotecnologia não se refere apenas a estruturas e produtos muito pequenos. As caraterísticas à escala nanométrica são frequentemente incorporadas em materiais a granel e em grandes superfícies. A nanotecnologia representa a conceção, produção e aplicação de materiais às escalas atómica, molecular e macromolecular, a fim de produzir novos materiais nanométricos.

No início da década de 2000, este domínio atraiu uma maior atenção científica, política e comercial que conduziu tanto a controvérsia como a progressos. Surgiram controvérsias relativamente às definições e potenciais implicações das nanotecnologias, exemplificadas pelo relatório da Royal Society sobre nanotecnologia Foram levantados desafios relativamente à viabilidade das aplicações previstas pelos defensores da nanotecnologia molecular, que culminaram num debate público entre Drexler e Smalley em 2001 e 2003. [2]

1.2 NANOPARTÍCULAS

As nanopartículas são partículas de tamanho entre 1 e 100 nanómetros. O termo nanopartículas é a designação combinada de nanoesferas e nanocápsulas. Em nanotecnologia, uma partícula é definida como um pequeno objeto que se comporta como uma unidade inteira no que diz respeito ao seu transporte e às suas propriedades. As partículas são ainda classificadas de acordo com o seu diâmetro. As partículas ultrafinas são o mesmo que nanopartículas e têm um tamanho entre 1 e 100 nanómetros. As partículas grossas abrangem uma gama entre 2.500 e 10.000 nanómetros. As partículas finas têm dimensões compreendidas entre 100 e 2500 nanómetros.[3] A maior diferença resulta do facto de as moléculas terem uma funcionalidade que depende diretamente da interposição dos seus átomos, enquanto as propriedades dos nanoclusters são exclusivamente orientadas pelo número de subunidades que contêm.[4]

A distribuição do tamanho das partículas e a morfologia são os parâmetros mais importantes da caraterização das nanopartículas. A morfologia e o tamanho são medidos por microscopia eletrónica. A principal aplicação das nanopartículas é a libertação de fármacos e o seu direcionamento. Verificou-se que o tamanho das partículas afecta a libertação do fármaco. As partículas mais pequenas oferecem uma maior área de superfície. Consequentemente, a maior parte do fármaco carregado nelas será exposta à superfície da partícula, levando a uma libertação rápida do fármaco.

1.2.1 Aplicação das nanopartículas

Quadro 1: Aplicações das nanopartículas

Domínio aplicado	Aplicação
Nanomedicinas	Nanofármacos, dispositivos médicos, engenharia de tecidos[5]
Química e Cosmética	Produtos químicos e compostos nanométricos, tintas, revestimentos, etc.
Materiais	Nanopartículas, nanotubos de carbono, biopolímeros, pontos, revestimentos[6]
Ciências da Alimentação	Processamento, alimentos nutracêuticos, nanocápsulas.
Ambiente e energia	

Militar e energia	Filtros de purificação da água e do ar, células de combustível, energia fotovoltaica
Eletrónica	Biossensores, armas, melhoramento sensorial
	Semicondutores chips, armazenamento de memória, fotónica, optoelectrónica[7]
Ferramentas científicas	Força atómica, microscópica e de varrimento microscópio de tunelamento

1.3 SÍNTESE DE NANOPARTÍCULAS

Todas as técnicas de síntese de partículas se enquadram numa das três categorias: fase de vapor, precipitação em solução e processos de estado sólido. Há uma série de processos que combinam aspectos de uma ou mais destas grandes categorias de processos. Embora os processos de fase de vapor tenham estado em voga durante os primeiros dias do desenvolvimento de nanopartículas, os três últimos processos acima mencionados são os mais utilizados na indústria para a produção de partículas de dimensão micrónica, predominantemente devido a considerações de custo.

1.3.1. Método de decomposição térmica de nanopartículas no estado sólido

A decomposição térmica de complexos de metais de transição é uma das técnicas mais simples e menos dispendiosas para a preparação de óxidos de metais de transição nanométricos. Esta técnica é simples e não necessita de um modelo e de aparelhos complexos. A seleção de um precursor adequado, associada a um processo de calcinação racional, permite obter produtos com dimensões nanométricas. Este método tem também vantagens potenciais, incluindo o elevado rendimento de produtos puros, a ausência de solvente e a dispensa de equipamento especial. [8] As nanopartículas obtidas têm apenas alguns nanómetros de tamanho, não muito mais do que quando a decomposição é efectuada em solução diluída.[9]

Entre as técnicas de síntese de nanopartículas de óxido metálico, a decomposição térmica é um método inovador. Em comparação com o método convencional, é muito mais rápido, mais limpo e mais económico. [10] Este método proporciona uma via conveniente, pouco dispendiosa e não tóxica para a síntese de nanoestruturas puras de nanopartículas de óxido metálico. Em seguida, tem-se verificado um interesse considerável na preparação e caraterização de nanopartículas metálicas através da decomposição térmica de complexos para as suas aplicações e propriedades únicas. No entanto, o método de decomposição térmica é a melhor escolha, uma vez que permite controlar as condições do processo, o tamanho das partículas, a estrutura cristalina das partículas e a pureza. [11]

Entre os numerosos métodos desenvolvidos para a preparação de nanomateriais de óxidos metálicos, a via dos precursores moleculares tem sido considerada uma das técnicas mais convenientes e práticas, não só porque permite evitar instrumentos especiais, processos complicados e condições de preparação rigorosas, mas também porque proporciona um bom controlo da pureza, homogeneidade, composição, fase e microestrutura dos produtos resultantes. Através da escolha de um precursor molecular adequado, associado a um procedimento racional de calcinação ou a outros processos de decomposição[12], podem ser obtidos produtos nanocristalinos, geralmente em condições significativamente mais suaves do que as utilizadas na síntese convencional de decomposição térmica em estado sólido.

1.4 NANOPARTÍCULAS METÁLICAS

O termo nanopartícula metálica é utilizado para descrever metais nanométricos com dimensões (comprimento, largura ou espessura) entre 1-1000 nm. Nos últimos anos, as nanopartículas de metais nobres têm sido objeto de investigação aprofundada devido às suas propriedades electrónicas, ópticas, mecânicas, magnéticas e químicas únicas, que são significativamente diferentes das dos materiais a granel. Estas propriedades especiais e únicas podem ser atribuídas às suas pequenas dimensões e grande área de superfície específica. Por estas razões, as nanopartículas metálicas têm sido utilizadas em muitas aplicações em diferentes domínios, como a catálise, a eletrónica e a fotónica. [13]

Os óxidos metálicos desempenham um papel muito importante em muitos domínios da química, da física e da ciência dos materiais. Os elementos metálicos são capazes de formar uma grande diversidade de compostos de óxidos.[14] Estes podem adotar um vasto número de geometrias estruturais com uma estrutura eletrónica que pode apresentar um carácter metálico, semicondutor ou isolante. Em aplicações tecnológicas, os óxidos são utilizados no fabrico de circuitos microelectrónicos, sensores, dispositivos piezoeléctricos, células de combustível, revestimentos para a passivação de superfícies contra a corrosão e como catalisadores. No domínio emergente da nanotecnologia, o objetivo é fabricar nanoestruturas ou nanoarranjos com propriedades especiais em relação às das espécies a granel ou de partículas individuais. [15]

As nanopartículas de óxido metálico podem apresentar propriedades físicas e químicas únicas devido ao seu tamanho limitado e a uma elevada densidade de sítios superficiais em cantos ou arestas. Espera-se que o tamanho das partículas influencie três grupos importantes de propriedades básicas em qualquer material. O primeiro compreende as caraterísticas estruturais, nomeadamente a simetria da rede e os parâmetros celulares. [16] Os óxidos em massa são geralmente sistemas robustos e estáveis com estruturas cristalográficas bem definidas. No entanto, a importância crescente da energia livre de superfície e da tensão com a diminuição do tamanho da partícula deve ser considerada: as alterações na estabilidade termodinâmica associadas ao tamanho podem induzir a modificação dos parâmetros celulares e/ou transformações estruturais[17] e, em casos extremos, a nanopartícula pode desaparecer devido a interações com o ambiente circundante e a uma elevada energia livre de superfície.[18] Para apresentar estabilidade mecânica ou estrutural, uma nanopartícula deve ter uma energia livre de superfície baixa. Como consequência deste requisito, as fases que têm uma baixa estabilidade em materiais a granel podem tornar-se muito estáveis em nanoestruturas.[19]

1.4.1 Principais caraterísticas dos MNP

- grande relação superfície/volume em comparação com os equivalentes a granel;
- grandes energias de superfície
- a transição entre estados moleculares e metálicos que proporcionam uma estrutura eletrónica específica;
- excitação plasmónica;
- confinamento quântico;
- encomenda de curto alcance;
- aumento do número de dobras;

- um grande número de sítios de baixa coordenação, tais como cantos e arestas, tendo um grande número de "ligações emaranhadas" e, consequentemente, propriedades específicas e químicas e a capacidade de armazenar electrões em excesso.

1.5. NANOPARTÍCULAS DE ÓXIDOS DE METAIS DE TRANSIÇÃO

As nanopartículas de óxidos de metais de transição representam uma vasta classe de materiais que têm sido extensivamente investigados devido às suas interessantes propriedades catalíticas, electrónicas e magnéticas em relação às dos seus homólogos a granel e ao vasto âmbito das suas potenciais aplicações[20] . Os óxidos e metais de metais de transição têm sido amplamente investigados devido às suas interessantes propriedades catalíticas, electrónicas e magnéticas. Os óxidos e metais metálicos de dimensão nanométrica encontram amplas aplicações em dispositivos de armazenamento de dados, catálise, administração de medicamentos e imagiologia biomédica [21]

Os complexos metálicos com ligandos de base de Schiff têm desempenhado um papel importante desde os primórdios da química de coordenação. De facto, muito trabalho tem sido realizado na síntese e caraterização de complexos de metais de transição com este tipo de ligandos, principalmente devido às suas aplicações em química orgânica, como cristais líquidos e em processos catalíticos. Devido às suas propriedades optoelectrónicas, as aril imidazo fenantrolinas desempenham um papel importante na ciência dos materiais e na química medicinal. Por conseguinte, têm encontrado aplicação como ligandos para a síntese de complexos metálicos de ruténio(II), cobre(II), cobalto(II), níquel(II), manganês(II) e vários lantanídeos, especialmente para aplicações ópticas não lineares (NLO).[22] Os óxidos metálicos nanoestruturados têm sido objeto de atenção no domínio da nanotecnologia, tanto de um ponto de vista fundamental como industrial.[23]

1.5.1 Nanopartículas de óxido de níquel

O óxido de níquel é um material promissor para aplicações em células de combustível e catálise O óxido de níquel não estequiométrico, devido à sua estrutura defeituosa, é um semicondutor do tipo p e encontra aplicação como sensor de gás para H_2.[24] Os complexos de base de Schiff de níquel (II) têm sido amplamente investigados não só pelas suas estruturas e propriedades interessantes, mas também pela sua utilização como precursores para a preparação de nanopartículas de óxido de níquel. Entre os óxidos de metais de transição, o óxido de níquel tem atraído muita atenção devido às suas propriedades e aplicações. Atualmente, existem vários métodos para a preparação de nanopartículas de NiO: hidrotérmico, decomposição térmica, sol-gel, solvotérmico e sonoquímico [25]

1.5.1.2 Aplicação de nanopartículas de óxido de níquel

1. Catalisador

; 2. agentes adesivos e corantes para esmalte;

3. filtros

ópticos activos; 4

. Camadas

antiferromagnéticas;

5. Espelhos

retrovisores de automóveis com reflectância ajustável; 6

.

Materiais catódicos para pilhas alcalinas;

7. Materiais electrocrómicos;

8. Janelas inteligentes energeticamente eficientes (com absorção e reflectância ajustáveis na gama de comprimentos de onda do visível e do infravermelho próximo);

9. Pigmentos para cerâmicas e vidros;

10. Materiais para sensores de gás ou de temperatura, como o sensor de formaldeído, o sensor de CO, o sensor de H_2

11. Contra-elétrodo

1.5.2 Nanopartículas de cobalto

O cobalto é um sólido branco-azulado, maleável, dúctil e ferromagnético, pelo que é utilizado em ímanes. Encontra-se naturalmente apenas na forma quimicamente combinada. O elemento livre, produzido por fusão redutora, é um metal duro, lustroso e cinzento-prateado. O cobalto é um dos elementos raros que se encontram à superfície da terra. É apenas um metal presente em vitaminas e constituintes essenciais de solos férteis.

O cobalto é o centro ativo das coenzimas chamadas cobalamina ou vitamina B12 e é um oligoelemento essencial para todos os animais. Os complexos de cobalto de ligandos corrinoides são conhecidos como cobalaminas, encontradas em muitos organismos, incluindo o homem. O corpo humano contém 5 mg de cobalaminas e a sua carência provoca a doença perniciosa. Vários complexos de cobalto são utilizados como secantes para a conversão de líquidos em sólidos e em tintas, pinturas, vernizes e outros revestimentos de superfície. Os mais importantes são os sabões de cobalto, que são complexos de aniões carboxilatos, como o oleato, o estearato, o naftenato, o octanoato, etc. [26]

O óxido de cobalto tem uma estrutura cristalina de espinélio. É um importante material magnético e é um semicondutor do tipo P. É amplamente utilizado em catálise heterogénea, material de ânodo de bateria recarregável de iões de lítio, sensores de estado sólido, dispositivos electrocrómicos, materiais de absorção de energia solar, pigmentos e muitas outras áreas. O Co3O4 é a principal matéria-prima para o fabrico de ácido lítio-cobalto, que é utilizado como material para o elétrodo da bateria de lítio. Há muitas formas de preparar nano Co3O4, tais como: método de co-precipitação, método de deposição de vapor químico à temperatura ambiente, método de reação no estado sólido.

1.5.2.1. Nanopó de óxido de cobalto (Co O$_{34}$) Aplicações:

Catálise, supercondutores, cerâmicas e outros campos como materiais inorgânicos importantes; como catalisador e transportador de catalisador e o material ativo do elétrodo; para vidro, corantes e pigmentos de porcelana; oxidante da indústria química e um catalisador para síntese orgânica; óculos de sol e outros materiais de filtragem; carboneto; sensores de temperatura e de gás; para a indústria de semicondutores, cerâmicas electrónicas,   materiais de eléctrodos de baterias de iões de lítio   , materiais magnéticos; dispositivos electrocrómicos; esmaltes;   mós;   catalisadores heterogéneos; absorvedores de energia solar.

1.5.3 Nanopartículas de cobre

O CuO, um importante semicondutor do tipo p com um intervalo de banda estreito (1,4 eV), tem sido objeto de grande atenção devido às suas importantes propriedades e aplicações generalizadas. Os complexos metálicos construídos a partir de iões metálicos e ligandos orgânicos polidentados têm crescido rapidamente nos últimos anos devido às suas potenciais aplicações. No entanto, até à data, os estudos sobre a síntese de estruturas nano ou microscópicas com complexos metálicos como precursores têm sido menos relatados. Em especial, há muito menos estudos sobre os complexos de base de Schiff de cobre, que se encontram entre os catalisadores mais versáteis conhecidos para as reacções de oxigenação.

O papel desempenhado pelos iões de cobre nos locais activos de um grande número de metaloproteínas estimulou os esforços para conceber e caraterizar complexos de cobre como modelos para uma melhor compreensão dos sistemas biológicos. O óxido de cobre é um importante óxido de metal de transição com muitas aplicações práticas, como a base de vários supercondutores e materiais com magnetoresistência gigante e é também utilizado como catalisadores, pigmentos, semicondutores tipo p, sensores de gás, células solares, meios de armazenamento magnético e materiais catódicos. Devido às razões práticas acima mencionadas, a síntese de CuO nanoestruturado também atraiu uma atenção considerável. As nanopartículas de CuO foram preparadas a partir da decomposição do correspondente precursor de base de Schiff de cobre complexos a 500°C.

O Nano Cu2O deve ser selado no vácuo e armazenado em local fresco e seco e não deve ser exposto ao ar. Além disso, o produto deve ser evitado sob tensão. O óxido cuproso (Cu2O) é muito instável, durante a aplicação ou exposição ao ar, uma percentagem muito pequena do material pode ser oxidada em óxido de cobre (CuO), ou restaurada em cobre (Cu); utilizamos cobre metálico de alta pureza para fabricar nanopó de Cu2O; por conseguinte, conter pouca fase de impureza (CuO ou Cu) é bastante normal e muito difícil de remover; no entanto, geralmente não afecta qualquer desempenho.

1.5.3.1 Aplicações de nanopartículas de óxido cuproso:

1) Nano Cu2O pode ser usado como agente anti-incrustante para tintas marítimas e pode ajudar a prolongar a vida útil da tinta à prova de manchas.
 2) Auxiliar na degradação foto catalítica de produtos orgânicos.
3) Aditivo desodorizante e degermante em fibra funcional;
4) Aditivo estabilizador para tinta anti-incrustante;
5) Agente corante para vidro e cerâmica;
6) Catalisador como aditivo melhorador de combustão em propulsor sólido e explosivo; 7
) Reagente analítico;
8) Aditivo retardador de inflamação e supressor de fumo para PVC;

1.5.4 Nanopartículas de óxido de zinco

Sabe-se que o ião zinco (II) tem uma elevada afinidade para ligandos doadores de azoto e enxofre. Dowling e Perkin investigaram complexos de Zn (II) com coordenação mista de N, O e S para compreender a reatividade do centro pseudo-tetraédrico de zinco nas proteínas. Os metais de transição zinco e cobre são alguns dos elementos mais frequentemente integrados em vias bioquímicas essenciais. Há uma série de moléculas biologicamente importantes que mostram a atividade catalítica ou moléculas envolvidas em processos de transferência, como a transferência de oxigénio, e que incorporam metais de transição nos seus sítios activos [27]

O óxido de zinco é um material semicondutor bem conhecido, com um largo intervalo de banda (3,37eV) e uma grande energia de ligação de excitões (60meV) à temperatura ambiente. As nanopartículas de ZnO têm sido amplamente estudadas nas últimas décadas devido às suas fascinantes propriedades eléctricas, mecânicas, ópticas e piezoeléctricas. [28] As nanopartículas de óxido de ZnO apresentam energias de banda eletrónica dependentes do tamanho. A dependência das propriedades em relação ao tamanho das partículas conduziu a muitas aplicações interessantes, especialmente através da afinação do intervalo de banda dos semicondutores.

1.5.4.1 Aplicações das nanopartículas de óxido de zinco

1. Usado como ativador de vulcanização na indústria da borracha, catalisadores e aditivos na indústria química do petróleo, e é o material mais favorável para a produção de pneus de automóveis, pneus de aviões, cabos industriais, bem como cerâmicas de óxido de zinco;
2. usado nas indústrias de pintura e revestimentos, borracha transparente, látex e plásticos, e pode aumentar a força, compacidade, adesão e acabamento suave dos produtos;
3. O agente antibacteriano e materiais desodorizantes, medicina e saúde com materiais de esterilização, materiais de autolimpeza de esterilização de vidro-cerâmica, curativo de esterilização da indústria farmacêutica;
4. Usado nas indústrias de eletrônica e instrumento e para fabricar, dispositivo elétrico, rádio, lâmpada de fluorescência sem fio, gravador de imagem, reostato e fósforo e assim por diante.
 5. Agente de proteção solar utilizado em cosméticos, antibacteriano e antiagente de proteção da saúde; proteção UV; 6

.

Utilizado no domínio militar como material de absorção de infravermelhos.

1.6 LIGANDOS DE BASES DE SCHIFF

Os ligandos de base de Schiff são considerados "ligandos privilegiados" porque são facilmente preparados pela condensação entre aldeídos e iminas. Podem ser introduzidos centros estereogénicos ou outros elementos de quiralidade (planos, eixos) na conceção sintética. Os ligandos de base de Schiff são capazes de se coordenar com muitos metais diferentes1 e de os estabilizar em vários estados de oxidação. Os complexos de bases de Schiff têm sido utilizados em reacções catalíticas e como modelos para sistemas biológicos.

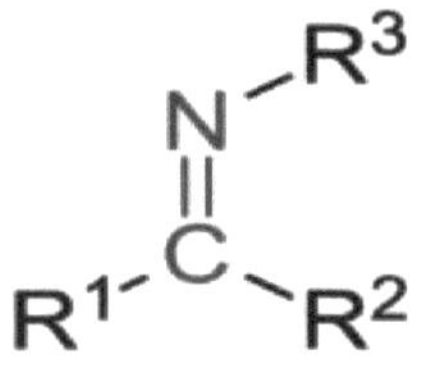

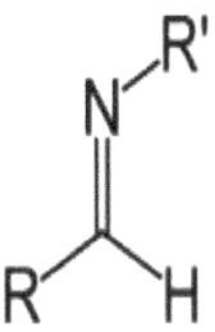

Esquema 1: Estrutura geral de uma azometina Esquema2: Estrutura geral do

Base de

Schiff

A capacidade de ligação dos ligandos depende da natureza dos átomos que actuam como sítio de coordenação, da sua electro negatividade e de factores estéricos. Em virtude da presença de um par de electrões solitários no átomo de azoto, do carácter doador de electrões da ligação dupla e da baixa electro negatividade do azoto, o N do grupo azometina ($>C=N$) actua como um bom local doador e a base de Schiff como ligando ativo. A formação de quelatos confere uma estabilidade adicional aos complexos, especialmente quando o anel tem cinco ou seis membros. Assim, a presença de um grupo funcional com um átomo de hidrogénio substituível próximo de $>C=N$ será um fator adicional de estabilidade. [29]

scheme 3:Mechanism of the carbinolamine formation.

scheme 4: Acid catalysed dehydration of carbinolame

1.7 APLICAÇÕES DE BASES DE SCHIFF E COMPLEXOS DE METAIS DE TRANSIÇÃO

Os complexos de metais de transição têm uma aplicação alargada na tecnologia, na indústria e na medicina. A investigação no domínio da catálise por complexos de metais de transição tem vindo a aumentar desde a década de 1940. A procura de processos mais baratos e mais eficientes na indústria resultou no rápido desenvolvimento de novas tecnologias de processo relevantes para reacções à escala industrial para a produção de compostos orgânicos utilizando complexos de metais de transição como catalisadores.

As aplicações dos complexos de cobre são extremamente variadas e de grande importância. Os complexos de cobre são amplamente utilizados como aditivos para polímeros, fungicidas e protectores de culturas. São também utilizados em tintas anti-incrustantes e como fungicidas para têxteis. O bis (acetilacetonato) cobre (II) foi utilizado como fonte de cobre em lasers de vapor de cobre e também foi investigado como substituto do iodeto de prata como agente nucleador de gelo para o início da precipitação. A ftalocianina de cobre é mais eficaz como retardador de fumo para o poliestireno do que os complexos de outros metais de transição da primeira fila. O bis(acetilacetonato)cobre(II) é utilizado na proteção de tecidos contra o ataque de fungicidas. Os complexos de cobre do ligando N-benzoil-N'- (2- aminofenil) tiocarbamida são considerados fungicidas eficazes contra Aspergillus niger, Fusarium oxysporium e Helminthosporium oryzae. Os complexos de cobre são considerados fungicidas mais activos do que os complexos semelhantes de ferro, cobalto e níquel. Verificou-se que os complexos são mais eficazes do que os ligandos livres. [30]

Os octanoatos e naftenatos de cobalto foram investigados como secadores de óleo de linhaça em papel. Verificou-se que tanto o bis(acetilacetonato) cobalto(II) como o tris(acetilacetonato) cobalto(III) possuem atividade fungicida. Além disso, os complexos de bis(saliciladeído) diimina de cobalto absorvem e libertam oxigénio molecular e são utilizados na purificação do oxigénio. Os complexos de cobalto encontram várias aplicações como aditivos para polímeros. Assim, as ftalocianinas de cobalto actuam como retardadores de fumo para polímeros de estireno. Verificou-se que o bis(acetilacetonato) de cobalto (II) na presença de fosfato de trifenilo actua como antioxidante para os polienos. Os azidas de cobaltaminas foram sugeridos como detonadores.[31]

Os complexos de níquel são utilizados em catálise heterogénea, galvanoplastia e no fabrico de pigmentos e cerâmicas. O complexo de Ni(II) do derivado do ácido benzoico actua como estabilizador contra a oxidação do polibutadieno. Verificou-se que vários complexos de níquel de bases de Schiff possuem atividade fungicida e bacteriana. Foi demonstrado que o complexo de níquel da N-benzoil-N'-(2-aminofenil) tiocarbamida apresenta atividade antifúngica. Os organismos *"Pyricularia oryzae"*, que causa o míldio do arroz, e *"Helmithosporium oryzae"*, que causa a mancha castanha da folha, podem ser controlados com complexos de Ni (II) de 1-fenil-3-metil-4-nitroso-2-pirozolin-5-ona e 3-metil-4-nitroso-2-pirazo-lin-5-ona.[32]

Os complexos de zinco são utilizados em muitos domínios, como a proteção da luz UV, a absorção da luz infravermelha, os cuidados de esterilização, o arrefecimento ou o aquecimento e têm também muitas outras funções mágicas. O Nano ZnO pode também melhorar as propriedades mecânicas globais da borracha, melhorando a sua resistência ao desgaste e ao rasgamento. A função antibacteriana única dos complexos de zinco é amplamente utilizada em cerâmicas de higiene antimicrobianas e autolimpantes avançadas, ladrilhos, tintas e plásticos, etc.; As suas excelentes propriedades eléctricas e ópticas tornam-no um bom material para a produção de resistores dependentes de tensão, fósforos e   gravação de imagens. O tamanho das partículas do nano óxido de zinco (ZnO) situa-se entre 1-100 nm. É um novo tipo de produtos inorgânicos finos com multifunções que apresentam grandes propriedades especiais, como a não migração, a fluorescência, a piezoeletricidade, a absorção e a dispersão de UV. Sensores de gás, fósforos, varistores, materiais de proteção UV, material de gravação de imagem, material piezoelétrico, catalisadores eficientes de varistores, materiais magnéticos e película plástica, etc., podem ser fabricados com o uso do maravilhoso desempenho do Nano ZnO no lado ótico, elétrico, magnético e sensitivo.[33]

1.8. LIGANDO DE BASE DE SCHIFF DO TRERFTALALDEÍDO E DA OPENILENODIAMINA

As bases de Schiff foram derivadas de uma série de compostos de carbonilo e foram utilizadas aminas. As bases de Schiff foram sintetizadas pela primeira vez por H. Schiff. A condensação de aminas primárias com compostos de carbonilo dá origem a bases de Schiff. Os ligandos das bases de Schiff são solúveis em solventes orgânicos comuns. Mas os seus complexos metálicos são geralmente solúveis em THF, DMF e DMSO.

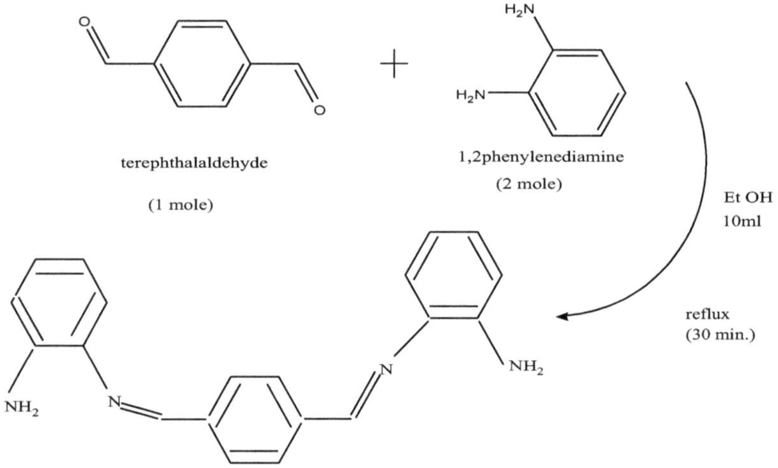

Esquema 5: Mecanismo do ligando de base de Schiff de tereftalaldeído e openilenodiamina

Muitas bases de Schiff tetradentadas simétricas do tipo bis de 1,2-diaminas com aldeído/cetona foram preparadas e estudadas intensivamente. No entanto, tem sido dada muito menos atenção às bases de Schiff tetradentadas não simétricas derivadas de 1,2-diaminas e diferentes aldeídos/cetonas. Em particular, as derivadas de 1,2 diaminas aromáticas têm sido pouco investigadas. Vale a pena mencionar aqui que as bases de Schiff assimétricas deste tipo são difíceis de obter e não são facilmente isoladas.[34] Um grande número de complexos de diferentes iões metálicos de transição com bases de Schiff tetradentadas, derivadas da o-fenilenodiamina e de diferentes tipos de compostos carboxílicos.[35] As bases de Schiff da o-fenilenodiamina e do tereftalaldeído e os seus complexos têm uma variedade de aplicações, incluindo biológicas, analíticas e clínicas. [36] Este ligando tem sítios dadores de oxigénio e de azoto. Coordena-se com o ião metálico de forma tetradentada.[37] A atividade dos ligandos de bases de Schiff e dos seus complexos metálicos aumenta geralmente com o aumento da concentração.[38]

1.9. ESTUDO DE FOTOCATÁLISE DE NANOPARTÍCULAS

A fotocatálise é a excitação de uma fotorreacção na presença de um catalisador. Na fotólise catalisada, a luz é absorvida por um substrato adsorvido. Na catálise fotogerada, a atividade fotocatalítica (PCA) depende da capacidade do catalisador para criar pares eletrão-buraco, que geram radicais livres (por exemplo, radicais hidroxilo: -OH) capazes de sofrer reacções secundárias. A sua aplicação prática foi possível graças à descoberta da eletrólise da água. A fotocatálise é uma técnica promissora para resolver muitos dos actuais problemas ambientais. [39] A fotocatálise foi estabelecida como um processo eficiente para a mineralização de compostos orgânicos tóxicos, materiais inorgânicos perigosos e desinfeção microbiana da água, em resultado da formação do radical hidroxilo OH-, que actua como um forte agente oxidante. Alguns dos fotocatalisadores semicondutores de óxido metálico comummente utilizados são o dióxido de titânio TiO2, o óxido de zinco ZnO e o óxido de cobre CuO.[40]

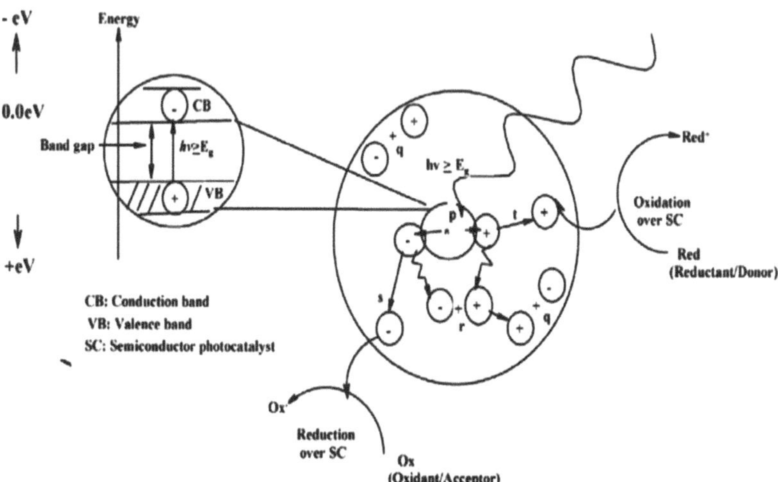

Figura 1: Princípio da fotocatálise

O óxido de zinco é um potencial fotocatalisador que tem atraído grande atenção na investigação e na indústria nos últimos anos devido à sua poderosa capacidade de oxidação, não toxicidade, estabilidade química e baixo custo. No entanto, a atividade fotocatalítica do ZnO está limitada a comprimentos de onda de irradiação na região UV, uma vez que o semicondutor ZnO tem um grande intervalo de banda de cerca de 3,3 eV e só pode absorver luz UV com comprimentos de onda inferiores a 387 nm. A rápida taxa de recombinação dos pares de electrões e buracos fotogerados também dificulta a aplicação industrial deste semicondutor. [41] O esquema de reação para a degradação fotocatalítica do corante MB foi -

$$ZnO + h\nu \rightarrow ZnO^*$$
$$ZnO^* + H2O \rightarrow \quad ZnO^* + H+ + \bullet OH$$
$$\bullet OH + Dye\ molecule \rightarrow \quad Intermediates \rightarrow CO2 + H2O + Mineral\ salts.^{[42]}$$

Esquema 6: Mecanismo de degradação fotocatalítica do MB pelo ZnO

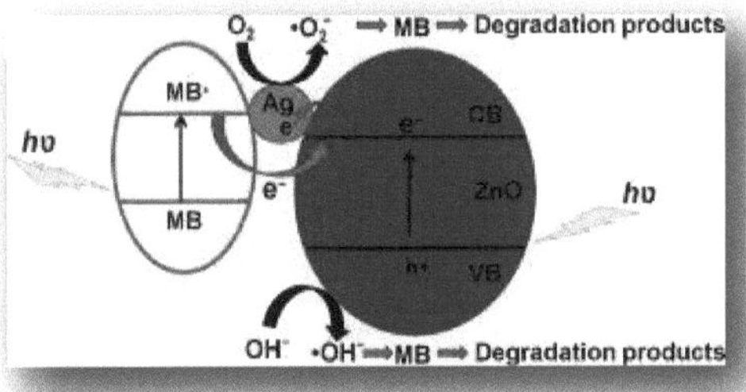

Figura 2: Mecanismo de degradação fotocatalítica do MB pelo ZnO

Espera-se que a atividade fotocatalítica do ZnO nanoestruturado seja melhorada devido ao aumento da sua área de superfície. A dopagem de iões metálicos nas nanoestruturas de ZnO pode conduzir a efeitos como o aumento da fluorescência e o controlo da concentração de defeitos superficiais.[43]

Os óxidos de cobre são semicondutores que têm sido estudados por várias razões, tais como a abundância natural do cobre (Cu) como material de base; a facilidade de produção por oxidação do Cu; a sua natureza não tóxica e as propriedades eléctricas e

18

ópticas razoavelmente boas. O cobre forma dois óxidos bem conhecidos: a tenorite (CuO) e a cuprite (Cu2 O). Tanto a tenorite como a cuprite são semicondutores do tipo p, com uma energia de hiato de banda de 1,21 a 1,51 eV e de 2,10 a 2,60 eV, respetivamente. Sendo um semicondutor do tipo p, a condução resulta da presença de buracos na banda de valência (VB). O CuO é atrativo como absorvente solar seletivo, uma vez que tem uma elevada capacidade de absorção solar e uma baixa emitância térmica. O CuO pode atuar como fotocatalisador para provocar a degradação do azul de metileno. O mecanismo foi proposto como sendo devido à formação de espécies de radicais hidroxilo (.OH) que resultaram da captura dos electrões excitados pelo O absorvido e da captura dos buracos correspondentes pelo hidroxilo da superfície. [44]

$$CuO + hv \rightarrow CuO*$$
$$CuO* + H2O \rightarrow \quad CuO* + H+ + \bullet OH$$

$$\bullet OH + Dye\ molecule \rightarrow \quad Intermediates \rightarrow CO2 + H2O + Mineral\ salts.$$

Esquema 7: Mecanismo de degradação fotocatalítica do MB pelo ZnO

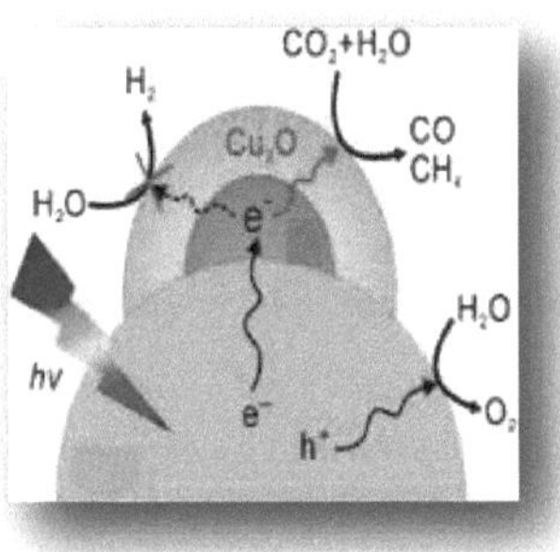

Figura 3: Mecanismo de degradação fotocatalítica do MB pelo ZnO

O óxido cuproso (Cu2O), um importante semicondutor do tipo p, é um material relativamente não tóxico. Tem um intervalo de banda de 2,17 eV e tem-se revelado útil para baterias de iões de lítio, meios de armazenamento magnético, sensores e catalisadores. O tamanho e a forma das partículas de CuO são factores fundamentalmente importantes que determinam as suas propriedades .[45]

1.9.3. Aplicações da fotocatálise

Nos últimos anos, as técnicas de limpeza ambiental têm sido implementadas em muitos domínios, como o tratamento de água potável, aplicações industriais e de saúde.[46]

- Conversão de água em hidrogénio gasoso por separação fotocatalítica da água
- Utilização de dióxido de titânio em vidros auto-limpantes. Os radicais livres gerados pelo TiO_2 oxidam a matéria orgânica.
- Desinfeção da água por fotocatalisadores de dióxido de titânio suportados, uma forma de desinfeção solar da água
- Esterilização de instrumentos cirúrgicos e remoção de impressões digitais indesejadas de componentes eléctricos e ópticos sensíveis
- Uma alternativa menos tóxica às tintas marinhas anti-incrustantes à base de estanho e cobre, a ePaint, gera peróxido de hidrogénio por fotocatálise.
- Descontaminação da água por fotocatálise e adsorção

1.9.3.1. Fotodegradação de compostos orgânicos

A equação apresentada abaixo pode ser considerada como a reação básica para a degradação de
composto orgânico CnHmOzCly. Verifica-se que os produtos da reação são inócuos espécies. [47]

$$C_nH_mO_zCl_y + xO_2 \xrightarrow[MO_2]{h\nu} CO_2 + y\,HCl + wH_2O$$

Scheme 8: The Photo degradation of organic compound

1.9.3.2 Degradação de compostos clorados:

O seguinte mecanismo para a oxidação do clorofórmio após a geração do par eletrão-buraco devido à excitação a comprimentos de onda inferiores a 380 nm. Entre os compostos de cloro, a facilidade relativa de degradação é a seguinte

Cloroolefinas > cloroparafinas > ácido cloroacético

Compostos bromados como $CHBr_3$ e $CH_2 Br_2$ apresentam taxas de degradação mais elevadas em comparação com

Compostos de cloro correspondentes. O sensibilizador semicondutor para as reacções acima referidas deve ser

fotoactivo, capaz de utilizar luz visível e UV, biológica e quimicamente inerte, fotoestável e pouco dispendioso.[48]

1.9.3.3 Fotodegradação do fenol

A degradação dos compostos fenólicos processa-se principalmente pelo ataque dos radicais hidroxilo, o que resulta na hidroxilação do composto de origem na posição orto ou para,

devido à natureza orto ou para-direcional do grupo fenólico -OH. Estes são os intermediários primários que, após exposição posterior, resultam na formação de uma espécie intermediária secundária totalmente hidroxilada. A oxidação posterior resulta na fragmentação do anel benzénico para formar ácidos carboxílicos e aldeídos alifáticos C-6 e C-5.[49] No caso dos fenóis substituídos com cloro ou nitro, o grupo hidroxilo substitui o grupo substituinte antes da fragmentação do anel. Os ácidos orgânicos e aldeídos de cadeias mais longas (C-6, C-5, C-4), em períodos de exposição mais longos, produzem ácidos orgânicos C-3, C-2 e C-1. Finalmente, estes compostos de cadeia mais curta mineralizam-se para formar CO2 e H2O. A ordem de degradação dos fenóis é a seguinte pentaclorofenol > triclorofenol > diclorofenol > 4-clorofenol ≈ 2-clorofenol > 2-metilfenol ≈ 3-metilfenol > fenol.

1.9.3.4 Estudos de degradação de corantes

A maior parte dos corantes são tóxicos e potencialmente cancerígenos e a sua remoção da

os efluentes industriais é um problema ambiental importante. Foram sugeridos vários métodos

para lidar com a remoção de corantes da água; estes incluem a biodegradação, a coagulação, a adsorção, processo de oxidação avançada (POA) e o processo de membrana . Os vários AOPs incluem os seguintes:

(1) Fotólise

(2) Oxidação por peróxido de hidrogénio

(3) Ozono (ozonização, foto-ozonização) e

(4) Fotocatálise

A percentagem de degradação diminui com o aumento da concentração do corante, uma vez que mais substâncias orgânicas são adsorvidas na superfície do MO_2, enquanto que menos fotões estão disponíveis para atingir a superfície do catalisador e, por conseguinte, menos -OH são formados, causando assim uma inibição na percentagem de degradação.[50]

ÂMBITO DO LIVRO

A síntese de complexos metálicos de base de Schiff com nanopartículas por decomposição térmica no estado sólido é óbvia e um assunto de grande interesse. As nanopartículas de bases de Schiff têm maior aplicação nos domínios biológico, industrial e ambiental. A fim de compreender este papel, o comportamento da base de Shiff ganhou uma grande atração. A ligação azometina (-N=CH) é uma caraterística significativa que faz dos ligandos de base de Schiff os candidatos interessantes para actividades biológicas. A partir da base de Schiff, preparámos nanopartículas de óxido metálico. Os estudos de fotocatálise de ZnO e CuO fornecem mais conhecimentos experimentais. Tem aplicações como a conversão de água em hidrogénio gasoso por divisão fotocatalítica da água, esterilização de instrumentos cirúrgicos e remoção de impressões digitais indesejadas de componentes eléctricos e ópticos sensíveis, alternativa menos tóxica às tintas marinhas anti-incrustantes à base de estanho e cobre, geração de peróxido de hidrogénio por fotocatálise, descontaminação de água com fotocatálise e adsorção.

Este livro trata da síntese de complexos metálicos de tereftalaldeído ou fenildiamina e da síntese de nanopartículas, seus estudos de caraterização e estudos de fotocatálise de ZnO e CuO.

CAPÍTULO 2
MÉTODOS EXPERIMENTAIS

2.1. MATERIAIS

O tereftalaldeído, a o-fenilenodiamina, o nitrato de cobalto, o nitrato de níquel, o nitrato de cobre, o nitrato de zinco, o etanol, o tetra-hidrofurano, o acetato de sódio, o peróxido de hidrogénio e o azul de metilo foram adquiridos à Sigma Aldrich, SD Fine Chemicals e Merck Specialties Private Limited.

2.2. SÍNTESE DA BASE DE SCHIFF A PARTIR DO TEREFTALALDEÍDO E DA O-FENILENO-DIAMINA.

Dissolveram-se 1,08 g de tereftalaldeído (1 mol) em 20 ml de etanol num balão RB. Adicionou-se 2,68 g de o-fenilenodiamina (2 moles) e refluxou-se durante 30 minutos num banho de água e arrefeceu-se. Obteve-se um precipitado sólido de cor laranja de tereftalaldeído o-fenilenodiamina. O precipitado obtido foi filtrado e lavado com etanol.

2.3. SÍNTESE DE COMPLEXOS METÁLICOS A PARTIR DE LIGANDOS DE TEREFTALALDEÍDO E ORTOFENILENO DIAMINA.

Dissolveram-se 2,24 g de ligandos de tereftalaldeído e o-fenilenodiamina em 10 ml de Tetra Hydro Furan num balão RB. Adicionou-se nitrato de níquel e refluxou-se durante uma hora num banho de água. Adicionou-se 0,01 g de acetato de sódio para manter o pH e o aquecimento foi continuado durante 30 minutos e arrefecido. Obteve-se um precipitado sólido de complexo de níquel. O precipitado obtido foi filtrado e lavado cuidadosamente com THF.

O mesmo procedimento é seguido com o nitrato de cobre, cobalto, zinco e os complexos correspondentes foram preparados.

2.4. SÍNTESE DE NANOPARTÍCULAS DE ÓXIDOS METÁLICOS.

Os complexos metálicos preparados (níquel, cobre, cobalto, zinco) foram colocados num cadinho de sílica (3 g) e mantidos na mufla durante três horas a 700° C e arrefecidos. Como produto de decomposição, foram obtidas nanopartículas.

Figura 4: Forno de mufla

2.5. ESPECTROSCOPIA DE INFRAVERMELHOS COM TRANSFORMADA DE FOURIER

Nesta espetroscopia, as moléculas interagem com radiações na região do infravermelho no espetro eletromagnético. A região IR do espetro eletromagnético tem um comprimento de onda de 100 a $1\mu_m$. Uma molécula possui um momento de dipolo permanente ou pode induzir um momento de dipolo quando qualquer uma das suas vibrações é ativa no infravermelho. A absorção na região do infravermelho é devida à vibração e rotação molecular. Uma molécula está constantemente a vibrar. As suas ligações esticam-se e contraem-se e também se dobram. [51] O campo elétrico alternado da radiação interage com as flutuações do momento de dipolo da molécula. Se a frequência da radiação coincidir com a frequência vibracional da molécula, então a radiação será absorvida, causando uma alteração na amplitude da vibração molecular. A frequência de vibração de uma molécula diatómica que executa um movimento harmónico simples é dada por

$$\upsilon = \frac{1}{2\pi}\sqrt{\frac{k}{\mu}}$$

onde υ é a frequência de vibração, k é a constante de força, μ é a massa reduzida do sistema O espetro de infravermelhos é altamente caraterístico de um composto orgânico e certas absorções específicas estão associadas a vários grupos funcionais. A transmitância pode ser determinada em diferentes comprimentos de onda e o espetro de absorção pode assim ser mapeado. No presente trabalho, foi utilizado o FT-IR da Perkin Elmer com uma gama de frequências de 600-4000 cm . $^{-1}$

2.6. ESPECTROSCOPIA NO ULTRAVIOLETA-VISÍVEL

A espetroscopia de absorção ultravioleta-visível é a medição da atenuação do feixe de luz após a sua passagem através de uma amostra ou após a reflexão de uma superfície de amostra. A espetroscopia UV-Vis inclui medições de transmitância, absorção e reflexão na região do UV, do visível e do infravermelho próximo. A absorção da radiação UV por compostos orgânicos na região do visível e do ultravioleta envolve a promoção de electrões nas orbitais σ, π e n do estado fundamental para um estado de energia mais elevado. Estes estados de energia mais elevados são descritos por orbitais moleculares que estão vazias no estado fundamental e são normalmente designadas por orbitais anti-ligação. A orbital anti-ligação associada à ligação σ é designada por orbital σ* e a associada à ligação π é designada por orbital π*. Como os electrões n não formam ligações, as suas orbitais anti-ligação não estão associadas a eles. As transições electrónicas que estão envolvidas nas regiões do UV e do visível são de vários tipos: σ→ σ*, n→ π*, π→ π*. As transições para orbitais π* anti-ligantes estão associadas apenas a centros insaturados na molécula.

O valor de absorção corrigido é designado por "absorvência molar" e é particularmente útil na comparação dos espectros de diferentes compostos e na determinação da força relativa das funções de absorção da luz (cromóforos).

$$\varepsilon = \frac{A}{cl}$$

Em que A= absorvância, c = concentração da amostra em moles/litro e l = comprimento do trajeto da luz através da amostra em cm. Os dados do espetro UV-visível são utilizados para a determinação do intervalo de banda (ou seja, a diferença entre a energia da banda de condução e a da banda de valência) no caso de vários polímeros condutores, utilizando a relação:

$$(\alpha.d) = (h\nu - Eg)^{1/2}$$

$$\alpha.h\nu = \alpha(h\nu - Eg)n$$

Onde, α é o coeficiente de absorção e d é a espessura da amostra, Eg é o intervalo de energia n (1/2, 1, 2) é uma constante que depende do grau de transição, hv é a energia do fotão incidente. O intervalo de banda pode ser avaliado traçando o gráfico de hv versus a absorvância e extrapolando a tangente no eixo X.

2.7. DIFRACÇÃO DE RAIOS X

A difração de raios X em pó (XRD) é uma técnica analítica utilizada para a determinação da estrutura cristalina e para a caraterização de impressões digitais de materiais cristalinos. Os difractómetros de raios X podem ser utilizados tanto para cristais simples como para pós. No caso de uma grelha, a condição para a interferência construtiva é que o comprimento do trajeto entre os feixes seja um múltiplo integral do comprimento de onda. Isto pode ser escrito como

$$n\lambda = 2d\sin\theta$$

Onde d é a distância entre dois planos cristalinos, θ é o ângulo de incidência ou ângulo de Bragg. Esta equação é conhecida como equação de Bragg. São geralmente utilizados três tipos de radiações para a difração: Raios X, electrões e neutrões. Normalmente, o raio X caraterístico utilizado para a difração é a radiação de cobre K_α a 1,5418 Å. Quando os cristais difractam os raios X, são os átomos ou os iões que actuam como fontes pontuais secundárias e dispersam os raios X. Quando o número de planos de difração é limitado, o pico de difração alarga-se. De facto, este efeito pode ser utilizado para medir o tamanho das partículas, o que constitui a base da fórmula de Scherrer

$$D = \frac{0.9\lambda}{\beta Cos\theta}$$

Onde D é a espessura do cristal λ é o comprimento de onda dos raios X, θ é o ângulo de Bragg; β é a largura total a meio máximo. Experiência de difração de pó (método Debye-Scherrer): Nesta experiência, os cristais são dispostos em todas as orientações possíveis numa amostra finamente pulverizada. Os vários planos da rede estão também dispostos em todas as orientações possíveis. Para cada plano cristalino, haverá um certo número de orientações. Os raios X reflectidos podem ser recolhidos numa chapa fotográfica ou através de um contador devidamente ligado a um registador. A condição para a difração é que a radiação esteja num ângulo θ em relação ao feixe incidente. Cada (hkl) resulta num cone. O cone surge porque existem várias posições angulares dos cristais. O cone é o resultado de várias manchas estreitamente relacionadas. No caso de uma amostra finamente moída, as manchas serão substituídas por uma linha contínua. O detetor é deslocado em círculo para recolher todas as reflexões correspondentes a vários (hkl).

2.8. MICROSCÓPIO **ELECTRÓNICO DE VARRIMENTO**

É um tipo de <u>microscópio eletrónico</u> que produz imagens de uma amostra através do seu varrimento com um feixe focalizado de <u>electrões</u>. Os electrões interagem com os átomos da amostra, produzindo vários sinais que podem ser detectados e que contêm informações sobre a <u>topografia</u> e a composição da superfície da amostra. O feixe de electrões é geralmente varrido num padrão <u>de varrimento raster,</u> e a posição do feixe é combinada com o sinal detectado para produzir uma imagem. O MEV pode atingir uma resolução superior a 1 nanómetro. As amostras podem ser observadas em alto vácuo, em baixo vácuo e (no MEV ambiental) em condições húmidas.

O modo mais comum de deteção é através dos electrões secundários emitidos pelos átomos excitados pelo feixe de electrões. O número de electrões secundários é função do ângulo entre a superfície e o feixe. Numa superfície plana, a pluma de electrões secundários é maioritariamente contida pela amostra, mas numa superfície inclinada, a pluma é parcialmente exposta e são emitidos mais electrões. Ao fazer o varrimento da amostra e detetar os electrões secundários, é criada uma imagem que mostra a inclinação da superfície.

2. 9. **ESTUDOS DE FOTOCATÁLISE**

A reação catalítica foi realizada num reator de fotocatálise, que continha 5 ml de solução de corante azul de metilo (20 mg/l), 1 ml de $H O_{22}$ e 5 mg de catalisador. Antes da irradiação, a solução foi agitada no escuro (15 min) para permitir o equilíbrio do sistema.[52] A irradiação foi efectuada com lâmpadas de halogéneo. Todas as experiências fotocatalíticas foram efectuadas nas mesmas condições. A distância entre o foto-reator e as fontes de luz foi de 20 cm. As amostras (3 ml) foram recolhidas durante 15 minutos de intervalo de irradiação.[53] A degradação foi monitorizada através da medição da quantidade de absorvância utilizando um espetrofotómetro UV-Vis de feixe duplo (Shimadzu UV-1700).

Figura 5: Revirador com unidade de alimentação eléctrica

Os estudos de fotocatálise das nanopartículas de ZuO e CuO sintetizadas foram efectuados de acordo com o procedimento acima descrito.

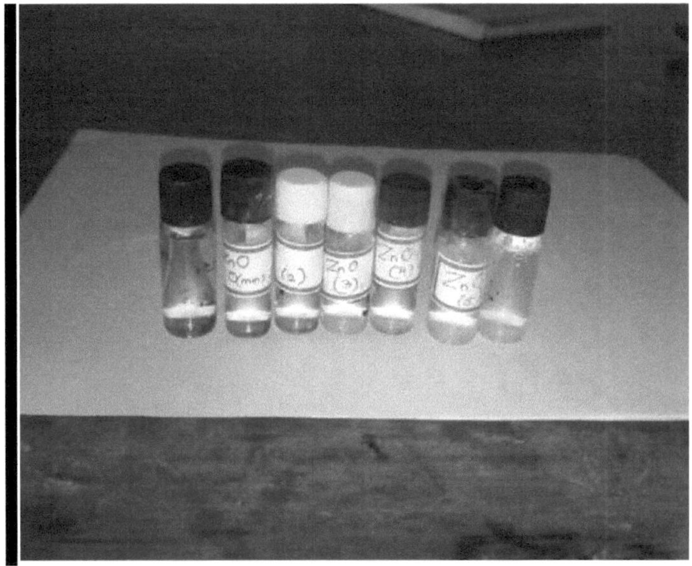

Figura 6: Atividade fotocatalítica do ZnONP

Figura 7: Atividade fotocatalítica do ZnONP

CAPÍTULO 3

RESULTADOS E DISCUSSÃO

Os complexos metálicos e as nanopartículas de óxido metálico obtidos a partir da base de Schiff sintetizada foram caracterizados utilizando a espetroscopia de infravermelhos com transformada de Fourier, a espetroscopia de UV-Visível DRS, estudos de difração de raios X e microscópio eletrónico de varrimento.

3.1. ESPECTROSCOPIA DE FT-IR

Os espectros FTIR dos compostos foram registados num espetrómetro Nicolet Impact 600 utilizando pastilhas de KBr. Os espectros do o-PTA mostram o aparecimento de bandas fortes a 1618 cm^{-1} que podem ser atribuídas ao grupo imina -C=N e o desaparecimento das bandas C=O e N-H devido à formação do grupo imina. Em todos os complexos, esta banda aparece a uma frequência inferior à do ligando livre. Isto indica claramente que o envolvimento do átomo de azoto na coordenação se deve à redução da densidade eletrónica na ligação azometina. O grupo hidroxilo livre num composto tem um modo de estiramento a 3600-3200cm^{-1} . A banda -OH é enfraquecida, devido à formação de ligações de hidrogénio, e a banda é alargada com um desvio para uma frequência mais baixa. A banda média a 1498 cm^{-1} pode ser atribuída ao C=C aromático, enquanto a banda forte a 1050 cm^{-1} é devida ao υ (C-O).

Compostos	γ C=N cm^{-1}	γ O-H cm^{-1}	γ C=C cm^{-1}	γ C-O cm^{-1}	γ C-H cm^{-1}
o-PTA	1618	3524	1498	1050	3140
Zn o-PTA	1611	3481	1565	1114	3067
Ni o-PTA	1610	3317	1583	1321	3138
Co o-PTA	1614	3258	1580	1161	3158
Cu o-PTA	1612	3294	1583	1321	3110

Tabela No: 2 Espectro FT-IR dos complexos metálicos o-PTA

3.2 ESPECTROSCOPIA UV-VISÍVEL

A energia do "band-gap" foi determinada com base na derivada numérica do coeficiente de absorção ótica. O método de absorção fundamental refere-se a transições de banda para banda utilizando a relação de Tauc da Equação. Para energias de fotões imediatamente acima do limite fundamental, o coeficiente de absorção segue a relação padrão.

O espetro de absorção e as energias do intervalo de bandas foram medidos utilizando um espetrómetro DRS UV-Vis, a fim de caraterizar as propriedades ópticas dos materiais no estado sólido. A Figura 8 mostra o espetro UV-Visível das NPs de CuO. Mostra uma banda de absorção larga entre 360 e 440 nm, que corresponde às bandas de transferência de carga (CT) dos iões Cu^{2+}. De acordo com relatórios anteriores, a banda a 350 nm indica a transição da transferência de carga do ligando para o metal (LMCT) ($O^{2-} \rightarrow Cu^{2+}$). A posição observada da banda de absorção a 560-700 nm foi atribuída às transições $E^2_g \rightarrow T^2_{2g}$ (d-d) do Cu^{2+} situadas num ambiente octaédrico mais ou menos tetragonalmente distorcido com uma simetria O^h distorcida.

O desfasamento entre bandas pode ser calculado a partir da equação:

$$(\alpha\,h\,\nu) = A\,(h\,\nu - E\,)_g^2$$

Onde α é o coeficiente de absorção, A é uma constante, Eg é o intervalo de banda e n é igual a 1/2 para uma transição direta permitida ou 2 para uma transição indireta permitida. Estes intervalos de banda (diretos) foram deduzidos a partir do gráfico de Tauc de $(\alpha\,h\,\nu)^2$ vs hv apresentado nas Figuras 9 e 11. O valor de hv extrapolado para $\alpha = 0$ dá a energia do intervalo de banda ótica de base para uma transição direta permitida entre a banda de valência e a banda de condução. O valor calculado da energia do intervalo de banda das nanopartículas de CuO e das nanopartículas de ZnO é de 1,18 eV e 3,18eV, respetivamente. Os resultados obtidos confirmam a presença de natureza semicondutora (0-3,5 eV).

A natureza da banda de absorção com um corte acentuado a 388 nm da amostra de NPs de ZnO é atribuída à fase de ZnO. Não apresenta qualquer absorvância na região do visível devido à ausência de transitão d-d.

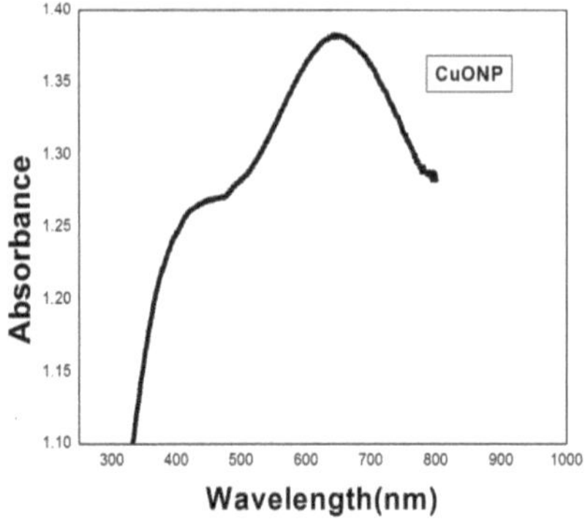

Fig: 8 Espectro DRS UV-visível das NPs de CuO

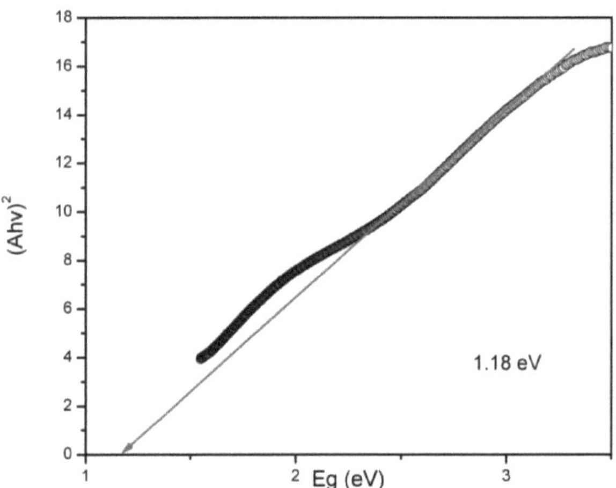

Fig: 9 Gráfico DRS-UV-Vis Tauc das NPs de CuO

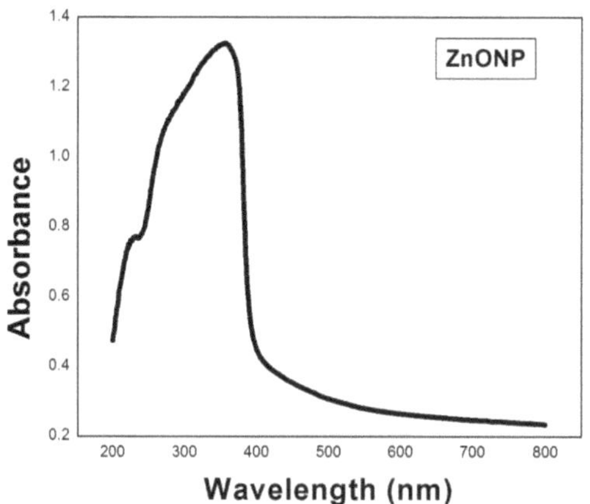

Fig: 10 Espectro UV-Visível de ZnONPs

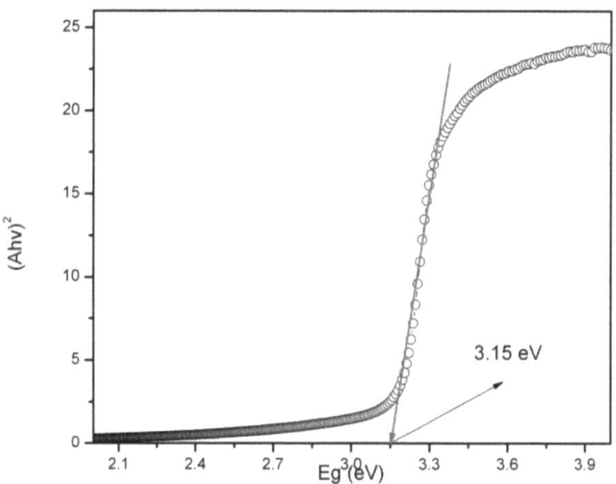

Fig: 11 Gráfico DRS-UV-Vis Tauc de CuONPs

3.3. Estudos de difração de raios X

A pureza e a cristalinidade das nanopartículas de óxido metálico sintetizadas foram analisadas com a ajuda do padrão XRD. Todos os picos de difração coincidem absolutamente com os números do espetro padrão JCPDS. A partir do padrão XRD das NPs de ZnO (Fig: 12) observou-se que a sua fórmula molecular é ZnO. Tem uma estrutura cristalina hexagonal e o seu nome mineral é Zincite. Apresenta valores de 2θ a 36,19, 31,71, 34,18 e 56,47 equivalentes aos planos (101), (100), (002) e (013), respetivamente. Estas são as reflexões de Bragg das NPs de ZnO e os padrões de difração estão em boa concordância com os dados relatados (JCPDS No. 96-900-4182).

No padrão XRD das NPs de CuO (Fig. 13), verifica-se que a sua fórmula molecular é CuO e o seu nome mineral é Tenorite. Tem um sistema cristalino monoclínico. Apresenta valores de intensidade de 38,57, 35,19, 61,29 e 48,56 correspondentes aos planos (111), (11-1), (002) e (20-2), respetivamente. O JCPDS NO.96-901-6058 está de acordo com todos os dados.

A partir do padrão XRD das NPs de CoO, observa-se que a fórmula molecular é $Co\,O_{34}$ (Fig:14) e que tem um sistema cristalino cúbico. Apresenta valores de intensidade a 36,83, 65,14, 44,81 e 59,37 equivalentes aos planos (311), 404), (333) e (202), respetivamente. Estas são as reflexões de Bragg das NPs de $Co\,O_{34}$ e os padrões de difração estão em boa concordância com os dados relatados (JCPDS No. 96-900-5898).

A partir do padrão XRD das NPs de NiO (Fig. 15) observa-se que a sua fórmula molecular é NiO, tem uma estrutura cristalina cúbica. Apresenta valores de intensidade a 43,242, 62,48, 37,62 e 32,72 equivalentes aos planos (200), (111), (202), (311), respetivamente. JCPDS No.96-901-0503 é promissor com todos os dados.

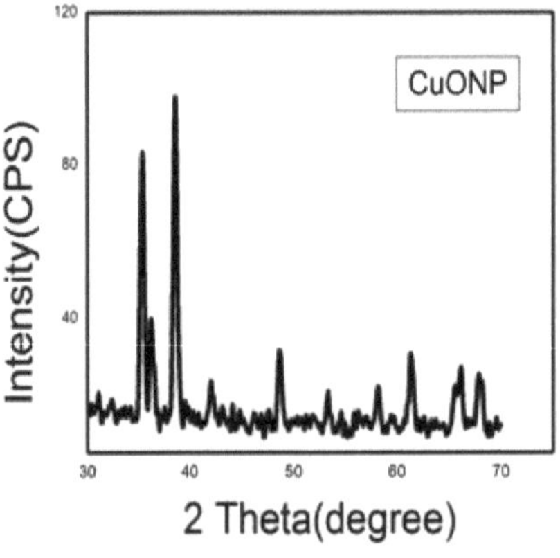

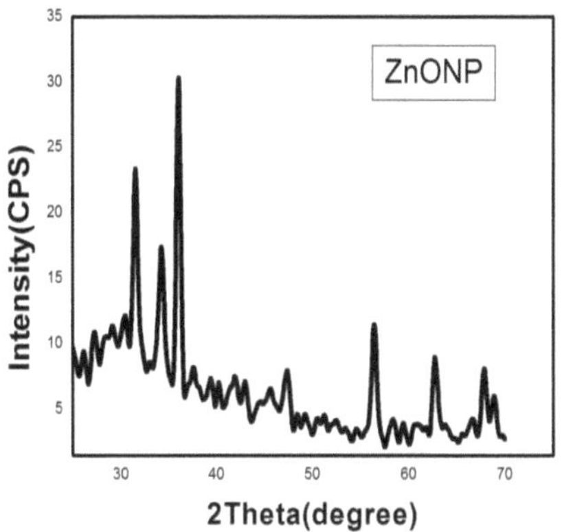

Fig: 13 Padrões de XRD do CuONPS

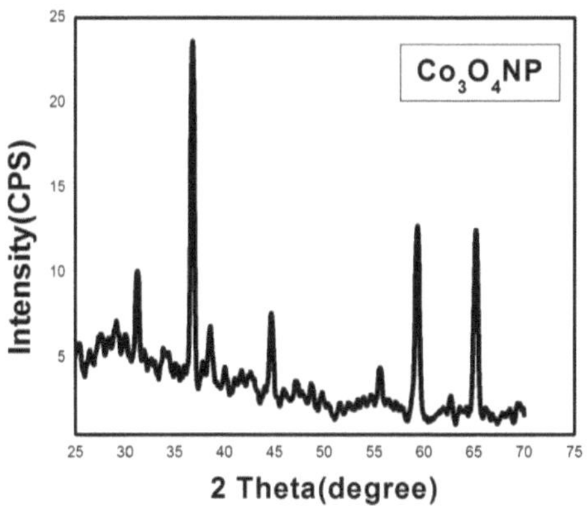

Fig: 14 Padrão XRD das NPs de Co O $_{34}$

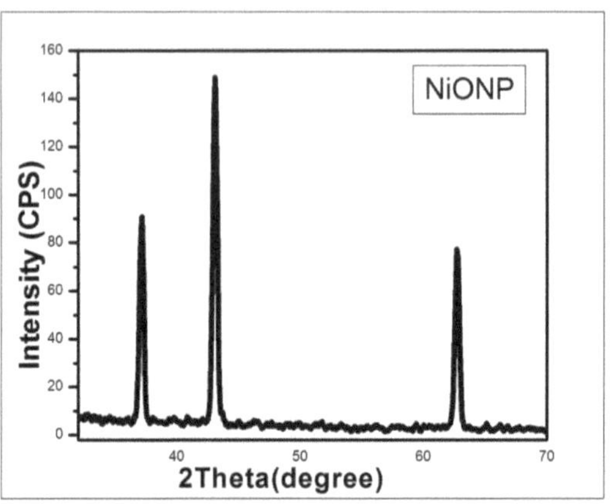

Fig: 15 Padrão XRD das NPs de NiO

O tamanho médio dos cristalitos das amostras foi calculado utilizando os picos de difração de maior intensidade, de acordo com a fórmula de Scherrer, dada pela equação

$$D = 0,9\lambda/\beta\cos\theta$$

Onde,

- D é o tamanho do cristalito,
- λ o comprimento de onda do raio X utilizado,
- β é a largura total de meio máximo da linha de difração de raios X em radianos
- θ é o ângulo de difração

Nome da amostra	2θ (grau)	plano hkl	FWHM (grau)	Tamanho das partículas (±1 nm)
ZnONP	36.190	(101)	0.935	15.60
CuONP	38.571	(111)	0.525	27.98
CoONP	36.832	(311)	0.695	21.02

| NiONP | 43.242 | (200) | 0.392 | 38.04 |

Tabela No: 3 2θ valores e tamanho de partícula correspondente das amostras

3.4. MICROSCÓPIO ELECTRÓNICO DE VARRIMENTO

As análises morfológicas das amostras foram efectuadas a partir das imagens SEM apresentadas na Figura 15. A observação SEM da amostra acima mencionada mostrou a formação de nanopartículas. Verificou-se que as nanopartículas de ZnO e CuO sintetizadas estavam bem dispersas e tinham um tamanho bastante uniforme. As imagens obtidas mostraram partículas de forma esférica à escala nanométrica. O tamanho médio das NPs de CuO é de 368nm. E as dimensões típicas das NPs de ZnO são 249nm. Pela morfologia, as NPs de ZnO têm uma forma alongada e as NPS de CuO têm uma forma esférica.

Fig: 16 Imagens SEM das NPs de CuO

Fig: 17 Imagens SEM das NPs de ZnO

3.5. ESTUDO FOTOCATALÍTICO

O estudo fotocatalítico do azul de metileno foi efectuado na presença de óxido semicondutor de zinco e de cobre. A degradação foi observada espectrofotometricamente. A decomposição fotocatalítica das soluções aquosas de azul de metileno foi amplamente estudada e alguns mecanismos possíveis foram aprovados por estudos anteriores. A Figura 1 apresenta um esquema de possíveis mecanismos, mostrando as possíveis reacções que podem ocorrer no processo de fotocatálise. Quando o semicondutor é excitado sob irradiação de luz com uma energia superior à energia do seu intervalo de banda, isso provoca a formação do par buraco-eletrão no semicondutor.

As reacções podem ocorrer da seguinte forma.[54]

Absorção de fotões eficientes por óxido metálico (MO),

$$(MO) + h\nu \rightarrow e^-_{CB} + h^+_{VB} \tag{1}$$

Ionossorção do oxigénio (primeira etapa da redução do oxigénio)

$$(O)_{2ads} + e^-_{CB} \rightarrow O_2^{\cdot-} \tag{2}$$

Neutralização dos grupos OH^- por fotolhos que produzem radicais $OH^\cdot$

$$(H_2O \Leftrightarrow H^+ + OH)^-_{ads} + h^+_{VB} \rightarrow H^+ + OH^\cdot \tag{3}$$

Neutralização de $O_2^{\cdot-}$ por protões

$$O_2^{\cdot-} + H^+ \rightarrow HO_2^\circ \tag{4}$$

Formação transitória de peróxido de hidrogénio e dismutação do oxigénio

$$2HO_2^{°-} \rightarrow H\,O_{22} + O_2 \tag{5}$$

Decomposição de $H\,O_{22}$ e segunda redução de oxigénio

$$H\,O_{22} + e- \rightarrow OH^° + OH^- \tag{6}$$

Oxidação do reagente orgânico por ataques sucessivos de radicais OH

$$R + OH^° \rightarrow R^• + H_2 \qquad O \tag{7}$$

Oxidação direta por reação com orifícios

$$R + h^+ \rightarrow R^{+°} \rightarrow \text{produtos de degradação} \tag{8}$$

A degradação fotocatalítica do azul de metileno segue uma cinética de pseudo-primeira ordem. As actividades fotocatalíticas dos dois tipos de catalisadores sintetizados foram avaliadas pela degradação de corantes orgânicos azul de metileno em solução aquosa sob irradiação de luz halogénea. As NPs de ZnO e as NPs de CuO foram utilizadas como fotocatalisadores para a decomposição do azul de metileno pelos superóxidos e/ou radicais hidroxilo formados na sua interface.

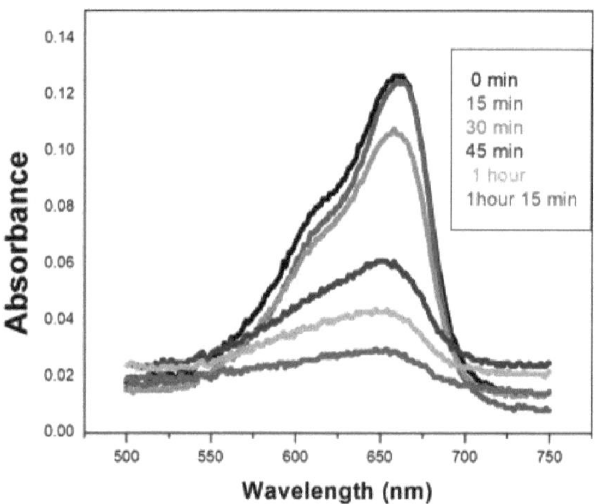

Fig: 18 Decomposição do azul de metileno por ZnONPs

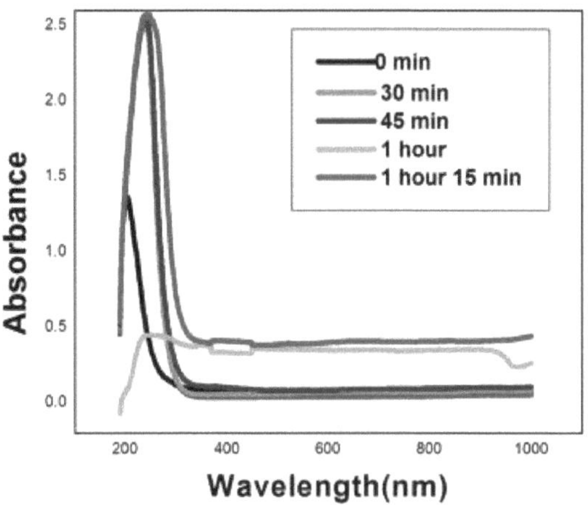

Fig : 19 Decomposição do azul de metileno por CuONPS

A partir das figuras acima, observa-se que os ZnONPs apresentam boas propriedades de fotocatálise. Os seus electrões são capazes de passar da banda de valência para a banda de condução e não regressam. O seu intervalo de banda é de 3,15 eV. Mas no caso dos CuONPs, após a excitação, os electrões regressam à banda de valência e o seu intervalo de banda (1,18 eV) é muito menor.

RESUMO E CONCLUSÃO

As nanopartículas derivadas de bases de schiff têm uma grande variedade de aplicações. Estas partículas têm propriedades antitumorais, catalisadoras, antivirais, antibacterianas, aditivo estabilizador para tintas anti-incrustantes e estudos de fotocatálise. A importância da fotocatálise foi notada para a purificação da água, desinfeção e geração de hidrogénio para o desenvolvimento sustentável da indústria moderna. Os óxidos metálicos são explorados como a fotocatálise prática com grande expetativa num futuro próximo.

A presente investigação centrou-se na síntese de bases de schiff a partir do tereftalaldeído e da o-fenilenodiamina e na síntese de complexos metálicos a partir deste ligando. Síntese de nanopartículas de óxido metálico a partir destes complexos. Foram efectuados estudos de fotocatálise utilizando ZnONPs e CuONPs como precursores. Do estudo do fotocatalisador conclui-se que as ZnONPs são boas fotocatalisadoras devido ao seu elevado intervalo de banda. As CuONPs não foram capazes de mostrar qualquer atividade de fotocatálise devido ao seu pequeno intervalo de banda.

REFERÊNCIA

1 Satoshi H,; e Nick S,; *J.Mat.Sci.lett*, **2001**,20,1643-1645.

2 Mary,NL,; teses, Universidade de Calicut,

3 Gleiter, H.; *Royal Society e Royal Academy of Engineering*, **2011**, 1712.

4 Kholoud,M.; AbouEl-Nour, M.; *Arabian Journal of chemistry* , **2005**, 3,135-140.

5 Cheng, Y., Wang, J., Rao, T., He, X., Xu, T, *Chem*, **2008**, 13,1447-71.

6 Zhou,J.; Ding,Y,; Deng,T.; *Adv.Mater*,**2005**,17,2107-2110.

7 Maribel G.; Guzmán, Jean Dille, Stephan Godet, *International Journal of Chemical and Biological Engineering*, **2009**,23, 1232.

8 Harutyunyan, A.; Grgorian , L.; Tokune, T.; *J.Phys.,Condens. Matter* **2004** , 14,2856.

9 Valden, M.; Lai, X.; Goodman,J.; *D.W. Science*, **1998**, 281, 1647.

10 Ayyub, P.; Palkar,A.; Chattopadhyay, V.R.; Multani, S. ; *Phys. Rev. B.* **1995**, *51*,6135.

11 Millot, N.; Aymes, D.; Bernard, F.; Niepce, J.C.; Traverse, A.; Bouree, F.;Cheng, B.L.; Perriat, P. J.; *Phys. Chem*, **2003**, 107, 5740.

12 Samsonov, V.M.; Sdobnyakov, N.Yu.; Bazulev, *A.N. Surf. Sci.* **2003**, 532-535, 526.

13 Song, Z.; Cai, T.; Chang, Z.Liu, G.; Rodriguez, J.; Hrbek, A.; *J. Am. Chem. Soc*, **2003**, 125, 8060.

14 Schoiswohl, J.; Kresse, G.; Surnev, S.; Sock, M.; Ramsey, M.; Netzer, G.; *Phys. Rev. Lett.* **2004**, *92*, 206103.

15 Dooley, K.M.; Chen, S.Y.; Ross, J.R.H, *J. Catal,* **1994**,145, 402-408.

16 Aliakbar, D,; Khalaji, D,; *Int Nano Lett*, **2014,** 117,(4),1069.

17 Saghatforoush, L.A.; Sanatia, S.; Marandi, Gh.; Hasanzadeh, M.; *Journal of Applied Pharmaceutical Science*, **2011**, 4, (06), 228-234.

18 Hyeon, G,; *Chem. Commun.* **2003**, 24,**927-934**

19 Gonzalez, P., Crespo,H,; *Int Nano Lett* ,**2014,** 4,117.

20 Kosrow, Z,; Mobinikhaledi,A,; Foroughifar,N,; Faghihi, K,; Mahdavi,V,; *Turk J Chem,* **2003** ,27, 71 - 75.

21 Kora, F. A.; Shenawy, A. I.EL.; Refat , M.S.; *O.J.Che.,* **2013**, 29, (1), 205-218.

22 Garcia, M.A.; Merino, J.M.; Castro,D.; Pinel, E.F.; Quesada, A.; de la Venta, J.; Ruiz, M.L.; Llopis,J.M.; Gonzalez,C,; Hernando,J,; *Nano Lett*, **2007**, 7,1489.

23 Saghatforoush, L.A,; Sanati, S,; Marandi, Gh,; Hasanzadeh, M *J.Indian Chem. Soc.* **2000**,77,256.

24 Wojciechowska, D,; Jeremiasz, K,; JeszkaI,; Uznanski, P,; Amiens,C,; Chaudret,B,; Lecante,P,; *Materials Science Poland*, **2004** 22, (4), 1243.

25 Darezereshki, E,; Bakhtiari, F,; J. *Min. Metall. Sect. B-Metall.* **2011,** 47 (1) B 73 - 78.

26 Dehno,A,; Debasis, D,; *Int Nano Lett,* **2014,** 4, 117.

27 Farhadi, S,; Pourzare, K.; Sadeghinejad, S,; *Journal Of Nanostructure in Chemistry* **2013**, 16,987.

28 Schiff, H,; Ann. Chem., **1964,** 23,118.

29 Kalyanasundaram, K,; Gratzel, M,; *Coord. Chem. Rev.*, **1998,** 77,347-414.

30 Munde, A.S,; Jagdale, S.N,; Jadhav, M,; Chondhekar, T.K,; *Journal of the Korean Chemical Society* **2009**, 53,.(4), 345-348.

31 Kriza, A,; Voiculescu, M,; Nicolae, A,; *Chem. Rev.*, **1998**, 77, 347-414.

32 Numan, A.T,; *J. for Pure & Appl. Sci*, **2010**, 23 , (2),987.

33 Nagajothi, A,; Kiruthika, S,; Chitra, D,; Parameswari,K,; *International Journal of Research in Pharmaceutical and Biomedical Sciences*, **2004**, 30,1768.

34 Malathy, M,; Srividhya, C,; Rajavel, R,; *The International Journal of Science & Technology*, **2012**,2 , (5), 157.

35 Saghatforoush, L,; Mehdizadeha, R,; Chalabianb, F,; *J. Chem. Pharm. Res.*, **2011**, 3,(2),691-702.

36 Chantarisiri, T,; Tuntulani, P,; Tongraung, R,; Magee G,; Wannarong, W,; *Eur. Polym. J.,* **2000**, 36, 695.

37 Dooley, K.M,; Chen, S.Y,; *J. Catal.* **1994**, 145, 402-408.

38 Pal, S.J,;, Jana, U,; Manna, P. K,; Mohanta, G.P,; Manavalan R,; *Journal of Applied Pharmaceutical Science*, **2011**, 16, 228-234.

39 Rahimi, R,; Shokrayian, J,; Rabbani, M, *Bull. Chem. Soc. Ethiop*, **2013**. 27,(2), 221-232.

40 Welderfael,T,; Yadav, O.P,; Taddesse, A.M,; Kaushal, J,; *Chemical Society Reviews,* **2009**,38,1999-2011.

41 Shifu, C.; Zhao, W.; Zhang, S.; Liu, W,; *Chem. Eng. J.* **2009**, 48, 263.

42 Ameta, A,; Ameta, R,; Ahuja, M,; *Sci. Revs. Chem. Commun*, *2013*, 33, 172-180.

43 Bonamali, P,; Sharon, M,; *Materials chemistry and physics*, **2002**, 76, 82-87.

44 Alabi, A. B,; Coppede, N,; Vilani, M,; Calestani, D,; Zappetini, A,; Babalola, O.A.; Salvatore A,; *Life Journal of Science,* **2013**, 15, (2) ,402-404.

45 Lin1, X. F,; Zhou1, R. M,; Zhang1, J. Q,; Sheng, X. H,; *Materials Science-Poland*, **2010**, 28, (2), 504.

46 Thakur,R.S,; Chaudhary,R,; Chandan, S,; *journal of renewable and sustainable energy,* **2010**, 2, (4).2701,1012.

47 Lalitha,A,; Revathya,K,; *Environmental Science and Technology*, **1991**, 25,1522-1529.

48 Devi, H. S,; Singh,T D,; *Advance in Electronic and Electric Engineering*, **2014**, 4, (1), 83-88.

49 Zhang,D,; *Ata Chimica Slovaca,* **2013**, 6, (1), 141-149.

50 Gajbhiye, S.B,; *International Journal of Modern Engineering Research ,* **2012**,2, (3), 1204-1208.

51 Poortmans, J,; Arkhipov,V,; J. *Powder Technology,* **2009**, 189,(3), 426-432.

52 Susheela, G,; *International Journal of Modern Engineering Research ,* **2013**, .3, (3), 1213-1215.

53 Larisa, G,; Donats, M,; Janis G,; Dzidra, J ,; *Cent. Eur. J. Phys,* **2011**, 9, (2), 510-514.

54 Eric A.; Meulenkamp, A,; *Phys. Chem. B.,* **1998**, 102,5566-55.

I want morebooks!

Buy your books fast and straightforward online - at one of world's fastest growing online book stores! Environmentally sound due to Print-on-Demand technologies.

Buy your books online at
www.morebooks.shop

Compre os seus livros mais rápido e diretamente na internet, em uma das livrarias on-line com o maior crescimento no mundo! Produção que protege o meio ambiente através das tecnologias de impressão sob demanda.

Compre os seus livros on-line em
www.morebooks.shop

MIX
Papier aus verantwortungsvollen Quellen
Paper from responsible sources
FSC® C105338

Printed by Books on Demand GmbH, Norderstedt / Germany